Charlotte Karlshöfer

Aus der Reihe: e-fellows.net schüler-wissen

e-fellows.net (Hrsg.)

Band 52

Ursachen und Auswirkungen des Klimawandels. Eine Verdeutlichung an Beispielen

GRIN Verlag

Bibliografische Information der Deutschen Nationalbibliothek:

Die Deutsche Bibliothek verzeichnet diese Publikation in der Deutschen National-
bibliografie; detaillierte bibliografische Daten sind im Internet über http://dnb.d-
nb.de/ abrufbar.

Impressum:

Copyright © 2014 GRIN Verlag GmbH
Druck und Bindung: Books on Demand GmbH, Norderstedt Germany
ISBN: 978-3-656-94558-1

Dieses Buch bei GRIN:

http://www.grin.com/de/e-book/295722/ursachen-und-auswirkungen-des-klimawan-
dels-eine-verdeutlichung-an-beispielen

Dominikus-Zimmermann-Gymnasium

Oberstufenjahrgang 2014/15

Seminararbeit aus dem Fach Physik

Thema: Ursachen und Auswirkungen des Klimawandels

Verfasserin: Charlotte Karlshöfer

W-Seminar: Erneuerbare Energien - Das Auto der Zukunft

Abgabetermin: 4. November 2014

Inhalt

1   Klimawandel in aktueller Diskussion der EU 3

2   Das Klima unserer Erde 4

    2.1   Natürliche Schwankungen des Klimas 4

    2.2   Allgemeines Klimasystem 5

    2.3   Ursachen des derzeitigen anthropogenen Klimawandels 6

3   Auswirkungen, Folgeeffekte und Rückkopplungskreisläufe des Klimawandels 9

    3.1   Veränderungen im Ökosystem der Erde 10

    3.2   Explizite Konsequenzen für den Menschen 14

4   Der Klimawandel anhand konkreter Beispiele 15

    4.1   Bangladesch 15

    4.2   Great Barrier Reef 19

5   Fazit: Rasches Handeln nötig 24

6   Literaturverzeichnis 25

1 Klimawandel in aktueller Diskussion der EU[1]

Am 23. Oktober diesen Jahres fanden sich Staats- und Regierungschefs der 28 Mitgliedsstaaten der Europäischen Union zu einem in Brüssel tagenden Gipfel ein. Neben Themen, wie der aktuellen Ebola-Epidemie dominierte der Klimawandel das zweitägige Spitzentreffen. So wurde innerhalb des Klima- und Energierahmens ein umfassendes Paket beschlossen. Für 2030 setzten die EU-Staaten das verbindliche Ziel fest, den Ausstoß der klimaschädlichen Treibhausgase im Vergleich zum Jahr 1990 um 40 Prozent zu senken. Zusätzlich streben die EU-Staaten an, den Anteil der erneuerbaren Energien aus Wind oder Sonne auf 27 Prozent zu steigern. EU-weit sollen die Energieeinsparungen einen Wert von 30 Prozent erreichen. „Das Klimapaket ist nach Selbsteinschätzung der EU das ehrgeizigste der Welt.“

Deutlich erkennbar ist der Klimawandel mittlerweile zu einem sehr dominanten Thema länderübergreifender politischer Angelegenheiten geworden. Doch nicht nur in der Politik nimmt die globale Erwärmung eine bedeutende Rolle ein, sondern sie ist fast überall präsent. Regional bedingt begleitet sie uns mehr oder weniger spürbar im alltäglichen Leben. Genau genommen ist diese Wandlung des Klimas einer der wenigen Punkte, der die ganze Welt betrifft und somit alles auf eine Art und Weise verbindet.

Anlässlich dieser Aspekte entstand die folgende Arbeit und soll ein Überblick über die Ursachen und Auswirkungen des Klimawandels verschaffen. Demnach werden zunächst das allgemeine Klima unserer Erde, sowie dessen derzeitige anthropogene Veränderung dargestellt. Aufgezeigt werden dabei die Auslöser und anschließend die Folgen des Klimawandels, welche mit weiteren Rückkopplungsschleifen verbunden sind. Um diese umfassenden Auswirkungen zu veranschaulichen, werden im weiteren Verlauf das Land Bangladesch und die Region des Great Barrier Riffs genauer betrachtet. Im Fazit wird auf die große Herausforderung, die rasches Handeln erfordert, eingegangen.

---

[1] Vgl. o.V.: Neue Klimaziele der EU, SZ Wochenchronik, 25.10.14.

2   Das Klima unserer Erde

2.1   Natürliche Schwankungen des Klimas[2]

Das Klima ist nach dem amerikanischen Klimatologen Wallence Broecker „kein träges Faultier, sondern eher einen wildes Biest".[3] So steht dieses System unseres Planeten Erde tatsächlich nie still und durchläuft seit jeher spektakuläre Wandlungen. Um den gegenwärtigen Klimawandel begreifen und einschätzen zu können, werden als Einstieg und Hintergrund die enormen Klimaveränderungen der Vergangenheit herangezogen. Dieses Auf und Ab lässt sich als Klimageschichte mit Hilfe gewonnener indirekter Anzeiger, sog. Proxy-Daten, in der heutigen Zeit erstaunlich gut und detailliert rekonstruieren.

Den Berechnungen zufolge ist anzunehmen, dass, nachdem die Erde die ersten drei Milliarden Jahre ihrer Entwicklungsgeschichte unter Eis eingeschlossen war, verschiedenste Klimaphasen folgten, bis schließlich die Kreidezeit begann. Die Rolle dieser „Super-Warmzeit"[4] vor schätzungsweise 140 Millionen Jahren ist im Hinblick auf die Evolution unserer Erde von großer Bedeutung. Die Lebensumstände hatten sich so gravierend wie nie zuvor verändert und bildeten letztendlich die Grundlagen für unseren heutigen Lebensraum. Vor allem durch die Entstehung neuer Kontinente und die damit verbundenen „drastischen Einschnitte in die Natur", wurden die klimatischen Bedingungen so gewandelt, dass sich eine komplett neue Generation des Lebens auf der Erde entwickelte.[5] Nach der Kreidezeit „[…] kühlte sich die Erde wieder langsam ab und pendelt nun seit zwei bis drei Millionen Jahren regelmäßig zwischen Eiszeiten und Warmzeiten hin und her".[6] Dieser Zyklus geht auf Schwankungen der Bahn unserer Erde um die Sonne zurück, die aufgrund veränderter Sonneneinstrahlung das Wachsen und Abschmelzen von Kontinentalmassen bewirken. Heute befinden wir uns in einer seit 10.000 Jahren anhaltenden Warmzeit, dem Holozän, das durch warmes und vergleichsweise stabiles Klima gekennzeichnet ist.

Neben den verschiedenen Etappen des Klimas sorgten abrupte Klimasprünge in der Erdge-

---

[2] Vgl. S. Rahmstorf: Der Klimawandel. Diagnose, Prognose, Therapie, München [7]2012, S.11 – 26.
[3] o.V.: Klimaziele – Was können wir tun?, in: http://www.industrie.de/industrie/live/index2.php?menu=1&submenu=3&object_id=31767977, Zugriff am 22.10.14.
[4]University of California - San Diego, Universität Leipzig: Eiskappe trotz Supertreibhaus?, in: http://www.scinexx.de/wissen-aktuell-7652-2008-01-14.html, Zugriff am 25.10.14.
[5] Vgl. o.V.: Kreidezeit, in: http://www.abendschule.de/lernhilfe/die-kreidezeit/, Zugriff am 25.10.14.
[6] S. Rahmstorf: Der Klimawandel, a.a.O., S.9.

schichte immer wieder für Überraschungen. Belegt wird diese dramatische Wechselhaftigkeit des Klimas im Laufe der Jahrmillionen durch Ereignisse, wie beispielsweise das vor 55 Millionen Jahren eingetretene Temperaturmaximum „Paleocene-Eocene Thermal Maximum". Innerhalb von ca. 10.000 Jahren stieg durch den natürlichen Eintrag von etwa 2.000 Gigatonnen CO_2 in die Atmosphäre die Temperatur um fünf Grad Celsius an.[7] Des Weiteren bewies man Vorkommnisse, wie die sog. „Dansgaard-Oeschger-Ereignisse", bei denen mehrere Male aufgrund einer sprunghaften Änderung der Meeresströme im Nordatlantik innerhalb zwei Jahrzehnten es die Temperatur in Grönland um bis zu zwölf Grad Celsius anhob. Oder zu erwähnen ist die Wandlung der Sahara von einer besiedelten Savanne zu einer Wüste, offenbar durch die Veränderung der Monsunzirkulation.

2.2 Allgemeines Klimasystem[8]

Die Klimageschichte und die damit verbundenen langwierigen, aber auch abrupten Veränderungen und Auswirkungen sind auf das Zusammenspiel einzelner Komponenten unseres komplexen Klimasystems zurückzuführen. Als Ganzes betrachtet ist unser Klima das Ergebnis einer simplen Energiebilanz. So gilt der allseits bekannte Erhaltungssatz der Energie: „Die auf der Erde ankommende Sonneneinstrahlung abzüglich des reflektierenden Anteils ist gleich der von der Erde abgestrahlten Wärmestrahlung".[9] Gleichen sich jedoch die abgestrahlte und die absorbierte Strahlung im Mittel nicht aus, entsteht so eine andere Energiebilanz und Klimaänderungen sind wiederum die Folge. Grundsätzlich gibt es hierfür drei verschiedene mögliche Ursachen. Zunächst kann sich durch Variationen in der Umlaufbahn der Erde um die Sonne oder der Sonne selbst, die ankommende Sonneneinstrahlung verändern. Zweitens weisen die unterschiedlichen Klimate unterschiedliche Anteile der Sonneneinstrahlung zurück ins All. Diese sog. Albedo beträgt im heutigen Klima etwa 30% und wird u.a. durch die Bewölkung, so wie durch die Helligkeit der Erdoberfläche beeinflusst. Der dritte Auslöser ist die Einwirkung auf abgehende Wärmestrahlung durch den Gehalt der Atmosphäre an Treibhausgasen und Aerosolen.

Gerade dieser dritte und letzte Punkt beruht auf mehreren globalen Regelkreisläufen, die die Konzentration der absorbierten Gase, wie Kohlendioxid und Methan, natürlich steuern.

---

[7] Vgl. Ariane Kujau: Der Klimawandel – Eine Annäherung, in: http://reset.org/knowledge/der-klimawandel-eine-ann%c3%a4herung?gclid=CJG29NqdkL4CFSgcwwodLXQA_Q, Zugriff am 25.10.14.
[8] Vgl. S. Rahmstorf: Der Klimawandel, a.a.O., S. 8 – 26.
[9] Ebenda.

Als weiteres Gas ist hier zusätzlich der Wasserdampf anzuführen, welcher oftmals außer Acht gelassen wird, da der Mensch auf diese Konzentration keinen direkten Einfluss hat. Jedoch nimmt auch der Wasserdampf eine bedeutende Rolle hinsichtlich des Klimageschehens ein. Der wichtigste Regelkreislauf ist der Kohlenstoffkreislauf, auf dessen Weise durch Verwitterung von Gestein an Land CO_2 aus der Atmosphäre gebunden wird und durch Sedimentation teilweise in die Erdkruste gelangt. Als gegenläufigen Mechanismus wird unter hohem Druck und hohen Temperaturen in Form von Vulkanausbrüchen CO_2 freigesetzt und entweicht so wieder zurück in die Erdatmosphäre. Zeitgleich ist auch dieser Vorgang von dem vorherrschenden Klima abhängig und es entsteht der Regelkreis: „Erwärmt sich das Klima, läuft auch die chemische Verwitterung schneller ab[,] dadurch wird CO_2 aus der Atmosphäre entfernt und einer weiteren Klimaänderung entgegenwirkt." [10] Zusätzlich spielen auch die Ozeane in einer noch weitgehend unerforschten Rückkopplungsschleife eine wichtige Rolle. Mit sinkenden Temperaturen steigt die CO_2-Bindungsfähigkeit der Meere und somit scheint das Gas in den Ozeanen zu „verschwinden".

Allerdings können Mechanismen, wie der Kohlenstoffkreislauf oder das Binden von CO_2 in Wasser durch ihren langsamen Austausch von CO_2 schnellen Klimaänderungen nicht entgegenwirken und stellen keinerlei Absicherung für die derzeitige Wandlung des Klimas dar.

2.3 Ursachen des derzeitigen anthropogenen Klimawandels

Aus dem angeführten Überblick über den Aufbau unseres Klimas ist vor allem deutlich zu erkennen, dass es sich nicht um ein lineares, sondern ein komplexes, von wechselseitigen Regelkreisläufen bestimmtes System handelt. Dieses reagiert selbst auf kleine Änderungen sensibel. Seitdem der Mensch mit Beginn der Neuzeit den Strahlungshaushalt der Erde aus dem Gleichgewicht bringt, ist es eine logische Folge und mittlerweile eine bestehende Tatsache, dass wir uns in einem von uns selbst verursachten, sprich anthropogenen Klimawandel befinden. Folglich stehen wir vor einer globalen Erwärmung.

Um zu dem Resultat „anthropogener Klimawandel" zu kommen, stellt sich die grundlegende Frage, was der Mensch in unserer Umwelt so drastisch geändert hat. Die entscheidende Ursache zur Beantwortung der Fragestellung liegt im Kohlenstoffkreislauf, in dessen ausgeklügeltes und in sich stimmiges System der Mensch vor allem durch die Nutzung fossiler Brennstoffe massiv eingegriffen hat. Dieser Eingriff spiegelt sich im Aufwärtstrend des CO_2-Gehalts

---

[10] Vgl. S. Rahmstorf: Der Klimawandel, a.a.O., S. 15f.

der Atmosphäre wider, veranschaulicht durch die Abbildung 1 in Form der sog. Keeling-Kurve.

Dargestellt durch die auf der y-Achse eingetragenen Kohlenstoffdioxidkonzentration und des Zeitverlaufs als x-Achse lässt sich der Anstieg des CO_2 seit dem Jahre Null grafisch verdeutlicht nachvollziehen. Bis Mitte des zwanzigsten Jahrhunderts ergeben die eingetragenen Werte eine relativ konstante, horizontal verlaufende Kurve. Rekonstruiert

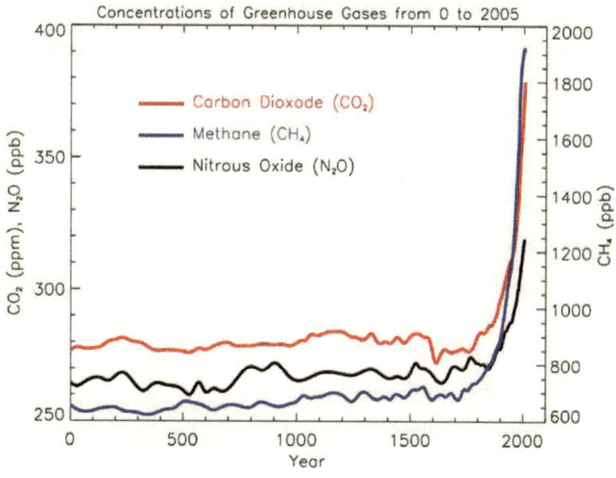

Abbildung 1 Konzentration der Treibhausgase CO2 (Keeling-Kurve), CH4 und N2O von 0 bis 2005

durch das Auswerten von Eiskernen bzw. Sedimenten, kann die damals vorzufindende Kohlenstoffkonzentration nicht exakt, jedoch immer noch sehr präzise abgebildet werden. Bei genauerem Betrachten dieses Abschnittes sind auch viele kleinere Schwankungen nach oben und unten zu erkennen, die auf bereits abgehandelten, natürlichen Abläufen der Erde inklusive Atmosphäre beruhen.

Interessant wird der Verlauf des Grafen rund um die 1950er Jahre, als es Charles Keeling möglich wurde, genaue Messungen durchzuführen und auszuwerten. Der extreme, kontinuierliche Aufwärtstrend der Kohlenstoffkonzentration ist nicht zu übersehen und so kletterte der Wert von durchschnittlich 280ppm inzwischen auf die im April 2014 erreichten und seitdem mehrmals überschrittenen Rekordwert von 400ppm.[11] Zu erklären ist dieses Hochschnellen am Verhalten des Menschen, da durch die Verbrennung fossiler Brennstoffe, wie Kohle, Erdöl und Erdgas als hauptsächliches Verbrennungsprodukt CO_2 entsteht. Gleichzeitig wird durch den Rückgang unserer „Lunge der Erde", sprich den Wäldern, immer weniger CO_2 von Pflanzen abgebaut.

---

[11] O.V.: Treibhausgas: CO_2 erstmals dauerhaft über Rekordschwelle, in: http://www.spiegel.de/wissenschaft/natur/co2-konzentration-laut-wmo-erstmals-dauerhaft-ueber-400-ppm-a-971838.html, Zugriff am 25.10.14.

CO_2 ist jedoch nicht das einzige Treibhausgas. Auch die Konzentrationen der Gase Methan und Distickstoffoxid folgen dem gleichen Verlauf des CO_2-Anstiegs und nehmen ebenfalls in Bezug auf die Veränderung unseres Klimas eine wichtige Rolle ein. Unter dem Strich beträgt die verursachte Störung des Strahlungshaushaltes ca. 3,0 Watt/m², von dem 55% auf das Konto des Kohlenstoffes gehen und die restlichen 45% auf die eben angeführten klimawirksamen Gase zurückfallen. [12]

Nun gilt es herauszuarbeiten, welche Auswirkungen der Anstieg der Treibhausgase auf die globale Mitteltemperatur hat. Durch Messdaten aus aller Welt wird inzwischen bestätigt, dass die globale Durchschnittstemperatur unübersehbar gestiegen ist.

In welchem Ausmaß die weltweite Temperaturentwicklung seit 1860 voranschreitet, ist in Abbildung 2 veranschaulicht. Der Zeitraum der vergangenen 150 Jahren ist an der x-Achse angetragen, während die y-Achse links Temperaturänderungen im Vergleich zum Mittel der Jahre 1960-1991 in Grad Celsius, rechts die absoluten Werte darstellt. Gezeigt sind außerdem die exakten

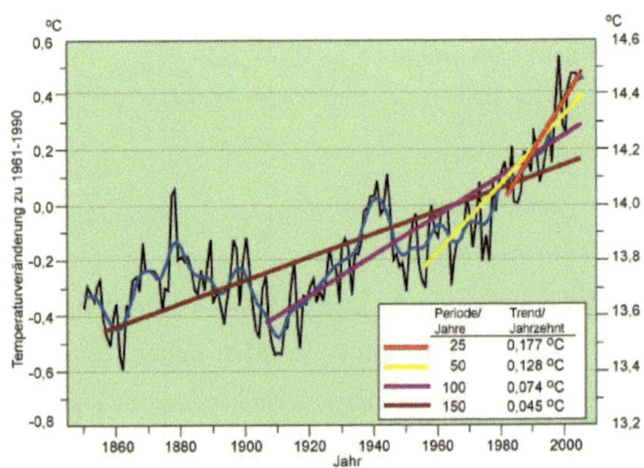

Abbildung 2 Temperaturveränderung in den letzten 150 Jahre

jährlichen Werte (schwarze Skala), welche geglättet den Verlauf des blauen Grafen liefern. Insgesamt lässt sich eine Erhöhung von 0,78 Grad Celsius feststellen, wobei zusätzlich die Geschwindigkeit der Erwärmung vor allem in den letzten 25 Jahren deutlich zugenommen hat. Veranschaulicht wird die steigende Rate der Temperaturerhöhung durch die farbigen Trendbalken.

An sich ist das Prinzip einfach zu begreifen: „Dreht man an der Temperatur, so folgt mit [...] Verzögerung das CO_2; dreht man dagegen am CO_2 [wie derzeit der Mensch], so folgt wenig später die Temperatur."[13] Um nachvollziehen zu können, warum die Konzentration an CO_2 und anderen Treibhausgasen solch eine wichtige Rolle einnimmt und mit der Temperatur eng in Verbindung steht, muss man den allseits bekannten Treibhauseffekt berücksichtigen.

---

[12]Vgl. S. Rahmstorf: Der Klimawandel, a.a.O., S. 35.
[13] S. Rahmstorf: Der Klimawandel, a.a.O., S. 23.

Die klimawirksamen Gase greifen in das Strahlungsgleichgewicht der Erde ein, indem sie die abgestrahlte langwellige Wärmestrahlung der Erde nicht ungehindert zurück ins All reflektieren lassen, sondern gleichmäßig in verschiedene Richtung, u.a. so auch wieder auf unsere Erdoberfläche, absorbieren. Dadurch kommt insgesamt mehr Strahlung auf der Erde an und ein sog. „Wärmestau" tritt ein. Um nun wieder ein Gleichgewicht zu erzielen, müsste die Erde zum Ausgleich mehr abstrahlen, d.h. sie müsste wiederum eine wärmere Oberfläche besitzen. An sich ist der natürliche Treibhauseffekt auf der Erde notwendig, da er mit einer positiven Temperatururdifferenz von 33°C für ein lebensfreundliches Klima sorgt. Kritisch wird es erst dann, wenn der Mensch diesen Effekt verstärkt und somit eine unerwünschte globale Erwärmung eintritt. Dass wir uns aktuell in einem anthropogenen, schnell voranschreitenden Klimawandel befinden, kann aufgrund der vorliegenden wissenschaftlichen Erkenntnisse wohl nicht mehr geleugnet werden.[14]

3 Auswirkungen, Folgeeffekte und Rückkopplungskreisläufe des Klimawandels

Entscheidend ist letztlich die Frage, wie stark das Klimasystem auf diese Störung des Strahlungshaushaltes reagiert und womit wir in Zukunft rechnen müssen. Im Rahmen meiner Seminararbeit ist es mir jedoch nicht möglich, all diese Auswirkungen und Folgen des Klimawandels detailliert zu analysieren. Deshalb bin ich zu dem Entschluss gekommen, in der folgenden Passage einen groben Gesamtüberblick zu verschaffen und diesen anschließend anhand von Beispielen zu konkretisieren.

Bis jetzt ist deutlich geworden, welche Wandlungen das Klima schon durchlaufen hat, wie das System in sich gegliedert ist und wie es auf die menschliche Lebensweise reagiert. Die vielen Daten und Fakten lassen jedoch das Thema Klimawandel sehr weit entfernt von unserem alltäglichen Leben in unserer gewohnten Umwelt erscheinen. So ist in unseren Augen die voranschreitende Erwärmung nur eine berechnete Größe, die niemand direkt erfahren kann. Man muss sich allerdings im Klaren darüber werden, dass die Ausprägungen des Klimawandels sehr unterschiedlich ausfallen und regional, sprich von Ort zu Ort, viele verschiedene Fassetten aufweisen. So ist es ein falsches Bild, wenn man davon ausgeht, sich nur mit einer für uns gering erscheinenden, steigenden Durchschnittstemperatur arrangieren zu

---

[14] Vgl. S. Rahmstorf: Der Klimawandel, a.a.O., S. 31f.

müssen. Vielmehr muss man das zunehmende Ungleichgewicht der Erde und die damit verbundene Steigung der Temperatur als Beginn einer Lawine betrachten. Bringt man erstmal die Anfangskomponenten ins Rollen, findet man aus etlichen Rückkopplungsschleifen keinen Ausweg mehr. Unser größtes Problem wird sein, dass sich durch den Klimawandel eine unermessliche Bandbreite an Folgeeffekten lostritt.

3.1 Veränderungen im Ökosystem der Erde[15]

Ein klar sichtbarer Indikator des Klimawandels stellt das Abschmelzen des Eises, sowohl der Gletscher, als auch der Polkappen dar. Die deshalb erzeugte positive Rückkopplung, d.h. ein Prozess, der zu einer weiter steigenden Temperatur führt, wird vor allem durch den Verlust an strahlungsreflektierenden Eisflächen hervorgerufen. So haben in den Alpen die Gletscher seit Beginn der Industrialisierung über die Hälfte ihrer Masse verloren und auch sonst ist fast überall auf der Welt ein deutlicher Rückgang zu beobachten. Der Gletscherschwund kann als eine Art Frühwarnsystem der Erde gesehen werden, da die Ferner sehr sensibel auf das vorherrschende Klima reagieren. Demnach wurden sie einst von dem Gletscherexperte Lonnie Thompson als „ Kanarienvögel im Bergwerk des Klimasystems" bezeichnet.[16] Thompson selbst leitete mehrere Messprogramme und dokumentierte das Zurückgehen des Eises, sodass er die erschreckende These aufstellte: „Hält der Trend der letzten Jahrzehnte unverändert an, dürften die Eiskappen bereits um das Jahr 2020 völlig verschwunden sein." Damit würden die Gletscher ihrer wichtige Rolle als Wasserspeicher, beispielsweise zum Speisen von lebensnotwendigen Flüssen für regionale Landwirtschaft nicht mehr gerecht werden. Probleme der betroffenen Millionen von Menschen im Hinblick auf die Wasserversorgung sind vorprogrammiert.

Nun sind die Gletscher nicht die einzigen Eispanzer und überbliebenen Zeitzeugen der vergangenen Eiszeiten, die unsere Erdkugel vorzuweisen hat. Im arktischen Ozean befindet sich eine schwimmende Eisplatte von durchschnittlich zwei Meter Höhe, die arktische Eiskappe. So weist sie im Vergleich zu den 60er Jahren nur noch die Hälfte ihrer damaligen Fläche, so wie seit 2001 50% ihrer Dicke auf. Dieser spürbare Rückgang des arktischen Meer-Eises lässt sich nach der Studie Arctic Climate Impact Assessment durch den Einfluss des Menschen erklären und könnte schon bald zu einem im Sommer eisfreien Nordpolarmeer führen. Die

---

[15] S. Rahmstorf: Der Klimawandel, a.a.O., S. 57 - 68.
[16] O.V.: (Kein) Schnee am Kilimandscharo. Die Gletscher schrumpfen, in: http://www.scinexx.de/dossier-detail-296-8.html, Zugriff am 30.10.14.

Reihe der sich daraus ergebenden Konsequenzen ist endlos. Demnach würde die sonnenlichtreflektierende Fläche durch dunkles Wasser ersetzt werden und so „die Energiebilanz der Polarregion drastisch verändern, die Erwärmung verstärken und voraussichtlich die atmosphärische und ozeanische Zirkulation stark beeinflussen." Hinzu kommt, dass der arktische Raum bisher ein Biotop für viele verschiedene Tier- und Pflanzenarten darstellt. Sie sind abhängig vom Zyklus des Eises und gehen durch die gravierenden Veränderungen in ihrem Bestand zurück oder sind vom Aussterben bedroht. Nicht nur der Lebensraum der Tiere ist betroffen, sondern auch der von den dort lebenden Ureinwohnern, den Inuits. Der einzige positive Aspekt lässt sich in der Wirtschaft ausmachen, da durch den Rückgang des Eises schon jetzt neue Seewege durch den arktischen Ozean erschlossen werden können.

Außerdem existieren zwei kontinentale Eisschilde, die Antarktis und Grönland, welche durch drei bis vier kilometerdicke Eisschichten gekennzeichnet sind. Es ist schwer abzuschätzen, wie diese Eismassen auf den Klimawandel reagieren werden und die Unsicherheit darüber ist erheblich. Einig ist man sich jedoch, dass, wenn das Grönland-Eis erstmal anfängt abzuschmelzen, das Geschehen unaufhaltsam seinen Lauf nehmen wird. Belegt ist diese Theorie wiederum durch die zentrale Rolle der verstärkten Rückkopplung: „Sobald der Eispanzer dünner wird, sinkt seine Oberfläche in niedrigere und damit wärmere Luftschichten ab, was das Abschmelzen noch beschleunigt." Im Gegensatz zu Grönland liegt die Antarktische Eismasse zum Großteil deutlich unter dem Gefrierpunkt. Demnach könnte sogar ein leichter Zuwachs an Eis aufgrund erhöhter Schneefallmenge erwartet werden. Beunruhigend ist jedoch, dass auch hier Hinweise auf eine mögliche dynamische Reaktion des Eises festzustellen ist. Losgetreten durch das Zerbersten des Larsen-B-Eisschelfs beschleunigen sich so zum Beispiel die sog. Eisströme, welche im Vergleich zu bisher Kontinental-Eis mit achtfacher Geschwindigkeit ins Meer befördern.

In beiden bis jetzt angesprochenen Gegenden, sowohl in Gebirgsregionen, als auch polaren Breiten, trifft man auf Permafrostböden. Aufgrund der Erwärmung tauen diese Permafrostböden auf und im Gebirge kommt es zu Bergstürzen und Murenabgängen mit verheerenden und kostspieligen Folgen. In polaren Gebieten dagegen fallen sozusagen die komplette Verankerung und der Halt des Bodens für Mensch und Tier weg. So weicht der Untergrund auf und bietet keinerlei Stabilität mehr für Häuser, Infrastruktur, Wälder und Seen.

Aus den oben genannten Ausführungen ergibt sich eine der wichtigsten physikalischen Auswirkungen des Klimawandels, der Anstieg des Meeresspiegels. Die Ursache hierfür liegt zum einen in der Veränderung der Eismassen, da diese eine unermessliche Wassermenge binden und zweitens an der thermischen Ausdehnung des Wassers. Beide Auslöser sind Prozesse, die über Jahrhunderte hinweg ihren Lauf nehmen und so wird die Steigung der Meereshöhe als Spätfolge des Klimawandels betrachtet. Dementsprechend ist innerhalb des zwanzigsten Jahrhunderts das Meeresniveau um ca. 15 – 20 cm angestiegen und verzeichnet momentan eine stetige Ausdehnung von 3mm pro Jahr.[17]

Gut zu erkennen ist ein Aufwärtstrend in der hier angeführten Abbildung, die ab dem Jahre 1992 den Anstieg genau dokumentiert. Die exakten Werte ergeben geglättet einen relativ linearen Grafen mit einer Steigung von drei Millimeter pro Jahr. Logischerweise stellt diese Erhöhung des Nullpunktes eine enorme Bedrohung in Form von Überflutungen einiger tief liegenden Inselstaaten und Küstenregionen dar.

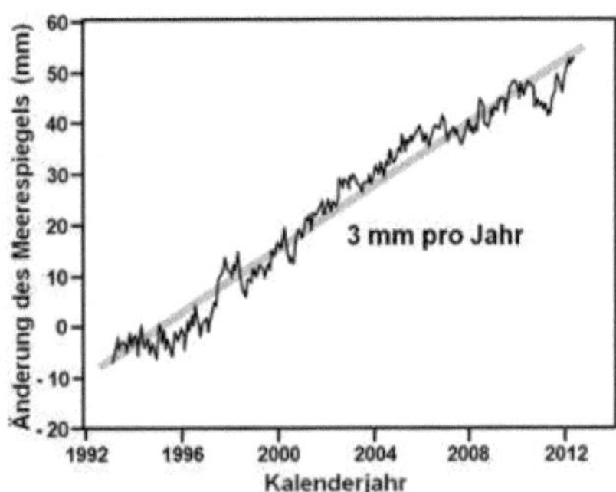

Abbildung 3 Änderung des Meeresspiegels von 1992 bis 2012

Als Resultat der Ausdehnung des Meeres besteht nun auch die Vermutung, dass sich u.a. durch die Verdünnung des Salzwassers Meeresströmungen ändern. Sie gelten als gigantische Umwälzbewegung im Meer, die beispielsweise 10^{15} Watt[18] an Wärme in den nördlichen Atlantikraum transportiert. Man bezeichnet sie als ein Teil der weltumspannenden thermohalinen Zirkulation, da sie von der Temperatur und der Salzgehaltdifferenz der See angetrieben wird. Mittels der Klimaerwärmung werden nun beide Antriebskomponenten aus dem Gleichgewicht gebracht, wodurch die Dichte des Meerwassers verändert wird. Das Verlangsamen oder schlimmstenfalls das Abreißen des Nordatlantikstroms wäre eine mögliche Reaktion auf die Abweichungen. Betroffen davon wäre wiederum der Meeresspiegel, der auf der Nordhalbkugel bis zu einem Meter steigen und dementsprechend auf der Südhalbkugel fallen

---

[17] Vgl. Jürgen Paeger: Ökosystem der Erde – Zeitalter der Industrie. Die Folgen des Klimawandels, in: http://www.oekosystem-erde.de/html/klimawandel-03.html, Zugriff am 30.10.14.
[18] O.V.: Das globale Förderband und die globale Erwärmung, in: http://www.seos-project.eu/modules/oceancurrents/oceancurrents-c03-p05.de.html, Zugriff am 30.10.14.

würde. Zudem würde es bei uns im Gegensatz zum Süden deutlich abkühlen und sich der tropische Niederschlagsgürtel verschieben. Hinzu kommt, dass der Nordatlantik als einer der fruchtbarsten Meeresregionen wegfallen würde, da kein Nährstofftransport mehr stattfinden könnte. Auch würden Treibhausgase, wie Wasserdampf, das im Meer gebundene CO_2 und Methan durch die erhöhte Temperatur an die Atmosphäre abgegeben werden und verstärken so wiederum den Treibhauseffekt. Darüber hinaus könnte die Erwärmung der Ozeane noch dramatischere Folgen haben, die sich heute noch nicht abschätzen lassen.[19]

Eine weitere uns in der Zukunft begleitende Auswirkungen des Klimawandels, die wir Menschen vielleicht am deutlichsten zu spüren bekommen werden, ist die zunehmende Unvorhersehbarkeit verschiedener Wetter- und Klimaphänomene und das häufigere Auftreten von Extremwetterereignissen. Bereits heute zeigen sich einige Trends, wie zum Beispiel die Zunahme von starken Niederschlagsereignissen vor allen in den mittleren Breiten, so auch hier bei uns in Deutschland. Auf handfesten Messdaten beruhend, bewies auch der Deutsche Wetterdienst 2010 die Zunahme von Starkniederschlägen oder Hitzeperioden, deren Intensität sich durch die anthropogene Erwärmung bereits mindestens verdoppelt hat. Der Zusammenhang ergibt sich aus dem Clausius-Clapeyron-Gesetz: „Die Luft kann für jedes Grad Erwärmung bis zu 7% mehr Wasserdampf enthalten."[20] Zudem steigt mit der Temperatur auch die Verdunstungsrate an, die Bodenfeuchte geht schneller verloren und Dürren, wie die daraus resultierenden Ernteausfälle und Waldbrände werden zunehmen. Auch die atmosphärische Zirkulation ist betroffen und Veränderungen von Großwetterlagen könnten unmittelbar bevorstehen.

Anzunehmen ist, dass an unseren unzähligen und genauestens angepassten Ökosystemen diese Einschnitte tiefe Furchen hinterlassen werden. Beispielsweise werden das sensible Schema der El-Niño-Ereignisse und der damit verbundene Monsun aus dem Gleichgewicht gebracht. Nun ist es aber so, dass der Mensch, wie die Natur genau auf diese Ereignisse abgestimmt ist und durch jede Veränderung ein ewiger Teufelskreis an negativen Folgen angefacht wird.

---

[19] Vgl. o.V.: Den Klimawandel bekämpfen. Auswirkungen und Anpassung, http://klimawandel-bekaempfen.dgvn.de/auswirkungen-anpassung/, Zugriff am 30.10.14.
[20] Arnim von Gleich: Industrial Ecology: Erfolgreiche Wege zu nachhaltigen Industriellen Systemen. Wiesbaden, Springer, 2008, S. 45.

Das furchteinflößendste Wetterextrem aber stellen wahrscheinlich die tropischen Wirbelstürme dar, welche durch die angestiegene Wassertemperatur der Meere stark an Energie und damit an Zerstörungskraft gewonnen haben. Laut verschiedener Studien hat sich eine Verdreifachung der Zahl der starken Hurrikane bereits ergeben, auch mit tropischen, energischeren Wirbelstürmen muss in Zukunft verstärkt gerechnet werden und Naturkatastrophen werden so öfter ausgelöst.

Woran wir uns immer wieder erinnern müssen ist, dass wir in einem vielfältigen und komplexen System leben, an dem der Klimawandel alles andere als spurlos vorrübergehen wird. So ist ein Massensterben von Tieren- und Pflanzenarten, die sich nicht an die rasche Veränderung wegen mangelnder Ausweichregionen anpassen können, abzusehen. Dieser dramatische Verlust an Biodiversität betrifft zuerst besonders empfindsame Ökosysteme, wie alpine Flora und Fauna, Korallenriffe, sowie tropische Wälder und führt letztlich zu irreversiblen Schäden. Alles in allem sind die Szenarien von regionalen und somit schlecht einzuschätzenden Ausprägungen des Klimawandels abhängig. Trotzdem wird geschätzt, dass 2050 voraussichtlich zwischen 15% und 37% aller Arten weltweit dem Aussterben gegenüberstehen.

3.2 Explizite Konsequenzen für den Menschen

„Der Klimawandel ist kein rein akademisches Problem, sondern hat handfeste Auswirkungen auf die Menschen – für viele ist er sogar eine Bedrohung für Leib und Leben."[21]

Die globale Erwärmung ruft Änderungen hervor, die sich für uns Menschen nicht nur in der Theorie zu massiven Problemen entwickeln können. Zunächst einmal ist unsere Erde inklusive Atmosphäre der einzige uns bekannte lebensfreundliche Raum, der derzeit einer unvorhersehbaren Zukunft gegenüber steht. Zwar ist der Mensch weitestgehend anpassungsfähig, dennoch auf seine Umgebung angewiesen und vor allem von dem Agrarwesen abhängig. Spannend wird es also, wenn man sich der Frage stellt, welche Auswirkungen auf die Landwirtschaft und damit auf die Ernährung der Weltbevölkerung zukommen. Global gesehen sollte die Ertragsmenge relativ konstant bleiben, da die Voraussetzungen einer ertragreichen Landwirtschaft, durch die Einwirkung von Niederschlag und Temperatur beeinflusst, Richtung Norden wandern. Die so entstehenden, aber gravierenden lokalen Engpässe vor allen in

---

[21] Vgl. Matthias Berg: Analyse zum globalen Klimawandel: Bildvergleiche historischer und rezenter Dokumentationen von Gebirgsgletschern n Nordostgrönland. Bonn, geographisches Institut der Reihnischen Friedrich-Wilhelms-Universität Bonn ‚2008.

ärmeren Entwicklungsländern werden die Diskrepanz zwischen ihnen und den Industriestaaten zusätzlich verschärfen. Somit stehen wir vor einer großen moralischen Last des Klimawandels: „Gerade die Ärmsten, die zu dem Problem selbst kaum etwas beigetragen haben, werden den Klimawandel womöglich mit ihrem Leben bezahlen müssen."[22] Zudem werden die häufiger eintretenden Wetterextreme den Ertrag der weltweiten Ernte drosseln. Neben der Nahrungsmittelverpflegung bietet auch die Trinkwasserversorgung immer mehr Grund zur Sorge. Als knappes Gut gekennzeichnet, wird sich auch der Wassermangel auf regionaler Ebene immer weiter zuspitzen und der Zugang zu Süßwasser als Konfliktpotential immer mehr ins Blickfeld geraten.

Von den Auswirkungen des Klimawandels ist auch die Gesundheit der Menschen betroffen. Dieses Themengebiet ist zwar bisher weitgehend unerforscht, doch Wissenschaftler gehen davon aus, dass durch die Erwärmung erhebliche Risiken entstehen. Zum Beispiel verbreiten die in ihrer Vagilität bestärkten Insekten übertragbare Krankheiten, wie Malaria und Dengue-Fieber verstärkt und tragen letztendlich dazu bei, dass mittlerweile jährlich circa 150.000 Menschen an den Folgen des Klimawandels sterben. Hauptbetroffene wiederum sind die Einwohner von Entwicklungsländern und es ist vermutlich nur noch eine Frage der Zeit, bis die Ströme der Klimaflüchtlinge ins Unermessliche steigen.

Letzten Endes ist der Preis des Klimawandels hoch, Klimarettung ist ebenfalls teuer, doch wirtschaftlich gesehen ergeben sich Risiken wie Chancen. Die Frage des Geldes allerdings bleibt und der Interessenskonflikt zwischen den Industrie- und Schwellenländern wächst. Demnach stehen Wettbewerbsnachteil und wirtschaftliches Aufholen gegenüber.

4   Der Klimawandel anhand konkreter Beispiele

4.1   Bangladesch[23]

Der südasiatische Staat Bangladesch ist uns in Europa durchaus ein Land von Begriff. Das Fleckchen Erde, das ungefähr 40% der Fläche im Vergleich zu Deutschland aufweist, wird seit einiger Zeit als beliebter Standort für die Textilproduktion von ausländischen Inverstoren genutzt. Dadurch hat Bangladesch in der jüngsten Vergangenheit aufgrund niedriger Standards unrühmliche Aufmerksamkeit auf sich gezogen. Weniger im Fokus der Medien stand bisher

---

[22] S. Rahmstorf: Der Klimawandel, a.a.O., S. 78.

[23] Vgl.o.V.: Bangladesch: In der Todeszone des Klimawandels, in: http://www.spiegel.de/wissenschaft/natur/bangladesch-in-der-todeszone-des-klimawandels-a-477669.html, Zugriff am 30.10.14.

dagegen die Tatsache, dass Bangladesch weltweit als einer der verletzlichsten Stellen der Erde hinsichtlich der Folgen und Auswirkungen des Klimawandels angesehen wird. Das Land mit seinen 147 Millionen Einwohnern und demnach extrem hoher Bevölkerungsdichte grenzt im Süden an den Golf von Bengalen und liegt im Delta der drei großen Flüsse Ganges, Jamuna-Brahmaputra und Meghna, die mit Wasser aus dem nördlich gelegenen Himalaya gespeist werden. Seine große Küstenregion mitinbegriffen die Hauptstadt Dhaka befindet sich mit 86% seiner Fläche unter fünf Metern über dem Meeresspiegel, und auch sonst weist Bangladesch eine eher flache und niedrige Landschaft auf. Gleichzeitig zählt die Region zu einer der Ärmsten der Welt und ist wirtschaftlich stark auf den Agrarsektor angewiesen. So ist die Nation logischerweise nur zu einem minimalen Anteil von circa für 0,3% – 0,4% für die weltweite CO_2-Emission verantwortlich und dennoch einer der am meisten durch die globale Erwärmung gefährdetsten Staaten.[24] Bedroht wird Bangladesch seiner Lage nach bedingt hauptsächlich durch den bevorstehenden Anstieg des Meeresspiegels, des Weiteren durch die Häufung ohnehin schon vorhandener Naturkatastrophen, wie tropische Wirbelstürme, Taifune, Sturm- und Regenfluten, die zunehmende Unregelmäßigkeit des Monsunregens und die sich daraus ergebenden negativen Folgen.

Da kaum bis gar keine Schutzmaßnamen wie moderne Deiche gegen die Fluten in Bangladesch existieren, richten katastrophale Ereignisse in Form von schweren Überschwemmungen oder Sturmfluten ungehindert enorme Schäden an. Die angeführte Tabelle stellt die entstandenen Schäden der letzten großen Überflutungen gegenüber.

Demnach wurden während der großen Flusshochwasser 1988 und 1998 jeweils mehr als die Hälfte der gesamten Landesfläche überflutet. Um die 40 Millionen Menschen waren alleine seit Beginn des 21. Jahrhunderts von monsunalen Überschwemmungen betroffen, welche durch tropische Wirbelstürme verursachten Sturmfluten von einer

Table 2.3 Comparison of losses resulting from recent large floods

Item	1988	1998	2004	2007
Inundated area of Bangladesh (%)	60	68	38	42
People affected (million)	45	31	36	14
Total deaths (people)	2,300	1,100	750	1110
Livestock killed (nos)	172,000	26,564	8,318	40,700
Crops fully/partly damaged (million ha)	2.12	1.7	1.3	2.1
Rice production losses (million tons)	1.65	2.06	1.00	1.2
Roads damaged (km)	13,000	15,927	27,970	31,533
Number of homes fully/partly damaged (million)	7.2	0.98	4.00	1.1
Total losses:				
Tk (billion)	83	118	134	78
US$ (billion)	1.4	2.0	2.3	1.1

Abbildung 4 Schäden verursacht durch große Überschwemmungen von 1988 bis 2007

---

[24] Stefan Ohm: Klimawandel: Der Fall Bangladesch, in: http://www.scilogs.de/geo-log/klimawandel-der-fall-bangladesch/, Zugriff am 27.10.14.

Höhe bis zu neun Metern begleitet wurden. Knapp 2.000 Menschen ließen dabei ihr Leben. Millionen weitere verloren ihr Zuhause, da ganze Siedlungen samt Infrastruktur regelrecht von den Fluten mitgerissen wurden. Hinterlassenschaften waren u.a. Ernteverluste mehrerer Millionen Tonnen Reis, mehr als 31.000 km kaputte Straßen und unzählige verzweifelte Menschen. Die Schäden erreichten Milliardenhöhe in US$ gerechnet.

Abzuschätzen an den Daten und Fakten der Vergangenheit, bedeutet ein weiterer Anstieg des Meeresspiegels für die vielen dort lebenden Menschen eine existenzielle Bedrohung. Da das Meeresniveau aber schon heute zusehends steigt und gleichzeitig das Land bedingt durch tektonische Bewegungen leicht absinkt, kommt es zu einer relativen Erhöhung des Meeresspiegels um durchschnittlich 4 – 8 mm pro Jahr. Im ersten Moment mag einem das nicht allzu viel erscheinen, doch betrachtet man den Verlauf über mehrere Jahre, zum Beispiel zwei Jahrzehnte hinweg, so entspricht der Anstieg 8 - 16 cm. Insgesamt lässt sich eine dramatische Prognose aufstellen. Steigt der Meeresspiegel um 45 cm an, rechnen Wissenschaftler mit einem permanenten Verlust von bis zu 15.600 km^2 Land. Komme es zu einem Anstieg um einen Meter circa im Jahre 2100 und geht man von dem jetzigen Zustand des Landes aus, sprich ohne jegliche Deichbaumaßnahmen, ist eine dauerhafte Überschwemmung bis zu 30.000 km^2 anzunehmen.[25] Aufgrund der enorm hohen Bevölkerungsdichte würde in einem derartigen Fall die Zahl der betroffenen Menschen, die ihre Heimat verlören, von 10 bis 15 Millionen reichen. Außerdem werden die entstehenden Kosten durch Verluste an immobiler Infrastruktur von den Wissenschaftlern des Forschungsinstitut Bangladesh Center for Advanced Studies, kurz BCAS, auf über fünf Mrd. US$ geschätzt, für dessen Aufbringung das ohnehin schon extrem arme Land in seiner Entwicklung stark beeinträchtigt wäre.

Als werfe der dauerhafte Landverlust nicht schon genug neue Probleme auf, ist zusätzlich mit einer Zunahme vorrübergehender Überschwemmungen zu rechnen, da durch den Meeresspiegelanstieg die großen Flüsse im Deltabereich weniger schnell abfließen. Dieser Rückstau kann verstärkte Überschwemmungen bis tief ins Landesinnere bewirken. Die dadurch entstehenden großflächigen Feuchtgebiete stellen einen perfekt geeigneten Lebensraum für malariaübertragende Insekten wie die Anopheles-Mücke dar und bergen die große potenti-

---

[25] Sonja Butzengeiger: Meeresspiegelanstieg in Bangladesch und den Niederlanden. Ein Phänomen, verschiedene Konsequenzen, in: http://germanwatch.org/download/klak/fb-ms-d.pdf, Zugriff am 29.10.14.

elle Gefahr von Epidemien wie Cholera und Ruhr. Zu bedenken ist dabei, dass diese Feucht-gebiete rund um die überschwemmten Zonen meistens von Wasser mit einem hohen Salz-gehalt gebildet werden, wodurch die Böden zusehends versalzen und für die Landwirtschaft unbrauchbar werden. Der damit absehbare Rückgang der Reisproduktion um mehrere hun-derttausend Tonnen, sowie der von Gemüse, Linsen, Zwiebeln und anderer Anbaukulturen kann vor dem Hintergrund der an sich schon problematischen Ernährungssituation in Bangla-desch verheerend sein.[26]

Der bisher gewohnte Lebensraum Bangladesch wird für Mensch wie Tier einschneidend ver-ändert und für viele sogar weitestgehend zerstört. Ein gutes Beispiel für den drohenden Ver-lust wertvoller Ökosysteme stellen die riesigen Mangrovengebiete, die Sundarbans, dar. Die Wälder entlang der Küste, die als UN Weltnaturerbe ausgezeichnet wurden, sind vom Klima-wandel besonders betroffen. Als Rückzugsort hunderter verschiedener Tierarten, wie Was-serschildkröten, Krokodilen, Frischwasserdelphinen und unter anderem auch bengalische Ti-ger, würde mit dem Untergang der Mangrovenwälder auch deren Lebensraum verloren ge-hen. Auch für die zwei Millionen Bangladescher, die direkt von den Sundarbans und seiner Vielfalt naturverbunden leben, bedeutet dieser Prozess die Aufgabe ihrer seit Generationen währenden Heimat und die Umsiedlung in eine unsichere Zukunft. Mit der Zerstörung der Mangrovenwälder wird auch die wichtigste natürliche Barriere gegen Stürme Bangladesch in Zukunft nicht mehr dienen. Nach der Auffassung von Muhammed Ali Ashraf, Mitarbeiter des Institute for Environment and Development Studies „ist die gesamte Bevölkerung von Bang-ladesch von den Sundarbans abhängig, da diese letzten Wälder uns vor vielen Überschwem-mungen schützen, die dieses von Katastrophen heimgesuchte Land bedrohen". Selbst um-fangreiche und moderne Küstendeiche würden nie an die Leistung der Mangrovenwälder rankommen, da sie vor Sturmfluten von einer Höhe bis zu 9 Metern unmöglich angemesse-nen Schutz liefern können.

Angesichts der sich immer weiter zuspitzenden Lage in Bangladesch wird fieberhaft nach umsetzbaren Lösungsmöglichkeiten gesucht. Leider sind diese aufgrund der hohen Bevölke-rungsdichte von 1.000 Einwohnern pro Quadratkilometer sehr begrenzt und demnach Rück-zugsstrategien in höher gelegene Landstriche unrealisierbar. Auch Nachbarländer wie Indien

---

[26] Sonja Butzengeiger: Meeresspiegelanstieg in Bangladesch und den Niederlanden. Ein Phänomen, verschie-dene Konsequenzen, in: http://germanwatch.org/download/klak/fb-ms-d.pdf, Zugriff am 29.10.14.

stellen keine freien Flächen zu Verfügung und sind wegen des illegalen Zuzugs von Banglade-schern besorgt. Durch die Veränderungen angetrieben, versuchen die Einwohner sich selbst mit eigens gebauten Erdwällen oder Dämmen abzusichern. Jedoch ist deren Wirkung be-grenzt, da diese ohne jeglichen Standard erbauten Konstruktionen dem Kreislauf der Erosion unterliegen.

Der vorherrschende Mangel finanzieller und technischer Kapazitäten ist trotz der Zusam-menarbeit mit internationalen Gebern eine große Hürde für Bangladesch. Dennoch verzeich-net die internationale Kooperation auch Erfolge. So kann man durch sog. erbaute Schutz-räume, wie Hütten auf fünf Meter hohen Betonstelzen, die Zahl der Opfer von Überschwem-mungen erheblich reduzieren und praktischerweise die Gebäude oftmals während des nor-malen Alltags als Schule nutzen. Dadurch kann man sozusagen „zwei Fliegen mit einer Klappe schlagen" und deckt den Schutz der Menschen, wie die Verbesserung der Bildungssi-tuation ab. Hinzu kommt die vergleichsweise große Investition in die Entwicklung und Ausar-beitung von Frühwarnsystemen, wodurch zwar viele Menschenleben gerettet, aber der Ver-lust von Behausungen, Infrastruktur und Ernte nicht vermieden werden kann.[27]

Dem Klimaforscher Atiq Rahman nach ist der jetzigen Situation nach zu urteilen, das Schick-sal von Bangladesch weitestgehend besiegelt: "Selbst wenn die Menschen morgen komplett mit dem Ausstoß von Kohlendioxid aufhören würden, stünden schon bald große Teile des Südens unter Wasser".[28] Trotzdem ist es möglich und gleichzeitig notwendig ausgeklügelte Strategien, große Investitionen und verstärkten regionalen, so wie internationalen Klima-schutz zu verfolgen, um der düsteren Zukunft Bangladeschs entgegenzuwirken.

4.2   Great Barrier Reef

Während in Bangladesch die einzelnen verheerenden Auswirkungen und ihre Folgeeffekte heutzutage schon relativ gut abzusehen und einzuschätzen sind, sieht es in einem südliche-ren Teil der Erde deutlich anders aus. Die Reise führt uns an die Ostküste Australiens, vor der sich mit einer Fläche von 345.000 Quadratkilometern vom Tropic of Capricorn bis zum Küs-

---

[27] Vgl. Sonja Butzengeiger: Meeresspiegelanstieg in Bangladesch und den Niederlanden. Ein Phänomen, ver-schiedene Konsequenzen, in: http://germanwatch.org/download/klak/fb-ms-d.pdf, Zugriff am 29.10.14.

[28] Matthias Gebauer: Bangladesch: In der Todeszone des Klimawandels, in: http://www.spiegel.de/wissen-schaft/natur/bangladesch-in-der-todeszone-des-klimawandels-a-477669.html, Zugriff am 31.10.14.

tenwasser von Papua Neu Guinea das Great Barrier Reef erstreckt. Das gigantische Korallenriff ist eines der bekanntesten Naturwunder weltweit und somit auch ein attraktives und beliebtes Touristenziel.

Man spricht von dem „größten zusammenhängenden Lebewesen auf dem Planeten" und tatsächlich bildet das Great Barrier Reef die größte von Lebewesen geschaffene Struktur der Erde. Insgesamt umfasst das farbenprächtige Riff mehr als 3.000 einzelne Riffe, geprägt von 359 verschiedenen Steinkorallenarten und bietet wiederum einen Lebensraum für über 1.500 Fischarten, 80 Arten von Weichkorallen und Seefedern. Hinzu kommen 1.500 Schwammarten, 5.000 Arten von Weichtieren, 800 Arten von Stachelhäutern wie zum Beispiel Seesternen, 500 verschiedene Arten von Seetang und 215 heimischen Vogelarten. Außerdem wird man im Great Barrier Reef auch fündig an Meeresschildkröten, Seekühen und Walarten, die das Riff vor allem zur Eiablage bzw. zum Gebären ihrer Jungen nutzen. Auch Schnecken und seltenen Muscheln finden in den zackigen und verästelten Korallenstöcken ideale Bedingungen vor. So gleicht das Great Barrier Reef „einem gigantischen Aquarium, in dem man vor exotischer Farbenpracht gar nicht weiß, wo man zuerst hingucken soll."[29] Durch diese großartige biologische Vielfalt angetrieben, wurde im Jahre 1981 das Korallenriff zum Weltnaturerbe der UNESCO erklärt.[30] Fernab von bewohnten Küsten und wenig praktizierter Fischerei galt das Great Barriar Reef Wissenschaftlern zu Folge bisher noch als vergleichsweise wenig gefährdet.[31]

Doch innerhalb der letzten 27 Jahre hat sich das Blatt dramatisch gewendet. Circa 50% der gesamten Fläche sind dem „Öko-Paradies" abhandengekommen und so wurde die gebräuchliche Bezeichnung als „achtes Weltwunder" durch „untergehendes Königreich der Korallen" ersetzt.[32] Da Korallenriffe sehr empfindliche Ökosysteme sind, kann jede Veränderung unvorhersehbare Schäden verursachen. Laut den Meeresforschern der Universität Queensland entwickeln sich gerade die Auswirkungen des Klimawandels zu einer großen Bedrohung für die Warmwasserkorallen.

Die sessilen koloniebildenden Nesseltiere gedeihen und überleben nur in klaren, sonnendurchfluteten Gewässern mit sehr eingeschränktem Temperaturbereich. Eine Aufheizung der Wassertemperatur führt zum Abstoßen des lebensnotwendigen Algenbewuchses der Korallen und so zum Erlöschen der Korallen-Algen-Symbiose. Durch das Verschwinden der Algen wird die Koralle nicht mehr mit

---

[29] Nadja Podbregar: Im Fokus: Meereswelten. Reise in die unbekannten Tiefen der Ozeane, Berlin/Heidelberg. Springer Spektrum, 2014, S.111.

[30] Vgl. o.V.: Great Barrier Reef in großer Gefahr, in: http://www.sueddeutsche.de/wissen/australien-great-barrier-reef-in-grosser-gefahr-1.212911, Zugriff am 30.10.14.

[31] Vgl. O.V.: Tiere geordnet nach Regionen. Ausgewählte Region: Great Barrier Riff, in: http://www.meerwasser-lexikon.de/land_26_GreatBarrierRiff.html, Zugriff am 30.10.14.

[32] Vgl. o.V.: Great Barrier Reef - Das untergehende Königreich der Korallen, in: http://www.sonnenseite.com, Zugriff am 30.10.14.

Nährstoffen versorgt und verliert zusätzlich ihre Farbgebung, wodurch der Korallenstock verblasst und das weiße Kalkgerüst wird sichtbar. Bei längerem Anhalten dieses Zustandes sterben die Organismen wegen Nährstoffmangels ab. Genau dieses sog. Korallenbleichen ist auch im Great Barrier Reef vermehrt zu beobachten und zurückzuführen auf den durch den Klimawandel verursachten veränderten Wärmehaushalt des Meeres, sprich seine Erwärmung. „Dieses Phänomen ist allerdings nur für rund zehn Prozent der Verluste verantwortlich", berichtet das Forscherteam vom Australian Institute of Marine Science.[33] Außerdem können sich Riffe innerhalb eines gewissen Zeitraumes vom Ausbleichen erholen, jedoch leidet die Artenvielfalt enorm und regeneriert sich erst nachdem sie jahrzehntelang deutlich reduziert war. Zusätzlich ist zu berücksichtigen, dass ein Ausbleichen im heutigen Ausmaß seit Tausenden von Jahren nicht vorgekommen ist. Hinzu kommt, dass sich laut australischer Forscher die Geschwindigkeit, mit der die Korallen zurückgehen, in den letzten Jahren deutlich erhöht hat und so verliert das Riffgebiet pro Jahr 1,45 Prozent seiner Korallendecke. Gleichzeitig hat die Wachstumsrate der Korallen seit 1990 um 15 bis 20 Prozent abgenommen.[34] Demnach lassen sich die Auswirkungen durch die veränderten Rahmenbedingungen nur schwer abschätzen, steuern aber verbunden mit anderen negativen Einflüssen einem kompletten Auslöschen des Riffes entgegen.

Der Aspekt, die Versauerung der Meere, bedroht auf eine andere Art und Weise den Bestand der Kalkriffe. Durch die steigende CO_2-Konzentration im Meereswasser kommt es zu zusätzlicher Bildung von Kohlensäure. Dies wiederum bedingt eine Abnahme des Kalkgehalts im Wasser und führt letztendlich zum Auflösen einiger Kalkhüllen vieler Meeresbewohner.[35]

Für 48% des Rückgangs sind jedoch die verheerend wirkenden schweren Stürme verantwortlich. Da sich das Great Barrier Reef komplett in den Tropen und somit Taifungebiet befindet und durch den Klimawandel Extremwetterereignisse wie Taifune, tropische Wirbelstürme und Zyklone gehäuft auftreten, wird auch das Riff von diesen Unwettern nicht verschont. Stark hiervon betroffen ist Untersuchungen nach vor allem der südliche Teil des Riffs, der jetzt schon einschneidende Folgen der Zerstörung aufweist.

Neben den durch den Klimawandel hervorgerufene Schäden, setzen den Korallen auch eingeschleppte Tierarten zu. Allen voran belastet der sich rasant vermehrende Dornkronen-Seestern das durch die globale Erwärmung aus dem Gleichgewicht gebrachte Great Barrier Reef. Da sich das bis zu 30 cm große Tier von Korallenpolypen ernährt und periodisch das gesamte Riff befällt, lassen sich 42 % des bisherigen Rückgangs auf diesen Seestern rückschließen. Gäbe es die Dornenkronen nicht oder

---

[33] O.V.: Australien: Great Barrier Reef verliert Hälfte seiner Korallen, in: http://www.spiegel.de/wissenschaft/natur/great-barrier-reef-hat-die-haelfte-seiner-korallen-verloren-a-858991.html, Zugriff am 30.10.14.
[34] Ebenda.
[35] Vgl.: o.V.: La Niña kühlt Pazifik ab. Ursachen/ Hintergründe/ Ausmaß der Veränderungen, in: Geographie aktuell, 3/2011.

wären zumindest ihre natürlichen Feinde wie Riesenmuscheln in ihrem Bestand nicht dezimiert, würde die Korallendecke pro Jahr um etwa 0,9 Prozent wachsen. Aufgrund der Kürze der Intervalle zwischen den Störungen durch den Seestern tritt nach Hugh Sweatman ein Gesamtverlust über längere Sicht ein. Forscher beschäftigen sich zunehmend mit einem möglichen Zurückdrängen und Eindämmen der Tiere in ihrer Anzahl.[36]

Weitere Probleme weist auch die Wasserqualität auf, welche durch die Schifffahrt vor dem Great Barrier Reef, die Schiffsbewegungen durch den Tourismus und die Fischerei beeinträchtigt wird. Außerdem fällt das nötige ehemals vom tropischen Regenwald gefilterte Frischwasser durch Rodung aufgrund der Entwicklung von Landwirtschafts- und Siedlungsgebieten an der Küste Queenslands weg. Zudem gelangt durch Abholzung, Verstädterung, Industrie und Farmen mehr Sediment und Nährstoffe, wie zum Beispiel landwirtschaftliche Düngemittel ins Meer als während des natürlichen Zyklus. Ausschlaggeben sind vor allem die Nährstoffe, welche die Korallenriffe zerstören, da sich alle nicht im normalen Mittel liegende Nitrogenwerte in dem Wachstum und der Reproduktion der Korallen negativ bemerkbar machen. Dies geschieht indem die Nährstoffe ein explosives Algenwachstum bewirken, welches wiederum die Korallen praktisch ersticken lässt. Diese Algenexplosion kann neben der Übermenge an Nährstoffen auch mit dem Wassertemperaturanstieg durch die Klimaerwärmung in Verbindung gebracht werden.[37]

Die Belastbarkeit des Naturschutzgebietes wird beispielsweise durch den umstrittenen, jedoch im Dezember letzten Jahres genehmigten Ausbau des Abbot Point Hafen zusätzlich enorm auf die Probe gestellt. Über diesen Hafen im Nordosten Australiens, vor dem mit ca. 50 Metern Entfernung das Great Barrier Reef im Parzifik liegt, transportieren Schiffe seit 1984 klimaschädliche Kohle um die ganze Welt und dieses Handlungszentrum soll nun für die Zukunft weiter ausgebaut werden. Dafür müssten jedoch drei Millionen Kubikmeter Sand und Schlamm gehoben werden, vor dessen Folgen für das Great Barrier Reef Umweltschützer und Experten warnen.[38]

Die Zukunft der Unterwasserwelt des Great Barrier Riffs steht am Wendepunkt seines Bestehens und so belegen verschiedene Studien, wie die von Hoegh-Guldberg oder Selina Ward, unabhängig voneinander, dass schon bis Mitte dieses Jahrhunderts die Korallen auf 10% ihres ursprünglichen Bestands geschrumpft sein könnten. Um aber dieses Szenario eines gesamten Absterbens der Organismen zu verhindern, muss umgehend gehandelt werden.

---

[36] Vgl.: o.V.: Australien: Great Barrier Reef verliert Hälfte seiner Korallen, in: http://www.spiegel.de/wissenschaft/natur/great-barrier-reef-hat-die-haelfte-seiner-korallen-verloren-a-858991.html, Zugriff am 30.10.14.
[37] Vgl. o.V.: Great Barrier Reef - Das untergehende Königreich der Korallen, in: http://www.sonnenseite.com, Zugriff am 30.10.14.
[38] Vgl. o.V.: Im Fokus: Abbot Point – Ausbau zum größten Kohlehafen der Welt. Entwicklungspläne Queensland, Australien - Das große Great Barrier Reef in Gefahr, in: wwf/ Publikationen, 2014.

"Wir können die Stürme nicht verhindern, aber vielleicht können wir die Seesterne eindämmen", sagte AIMS-Chef John Gunn. "Wenn uns das gelingt, haben die Korallen eine bessere Chance, sich an die höheren Wassertemperaturen und die Versauerung der Meere anzupassen." Zudem müsste die Wasserqualität enorm verbessert werden, jedoch, damit die Maßnahmen zum Fortbestand des Great Barrier Riffs beitragen, müssten sich zugleich auch die globalen klimatischen Verhältnisse stabilisieren. Die Erhaltung des Great Barrier Riffs ist also keine allein für Australien geltende Herausforderung, sondern benötigt internationale Zusammenarbeit.[39]

Mit dem Verlust des Great Barrier Riffs, würde nicht nur ein ganzes Ökosystem erlöschen, sondern der Schutz der australischen Küstenregion samt der unzähligen Inseln vor Sturmfluten wäre nicht mehr gewährleistet. So wären u.a. auch bekannte Urlaubsinseln wie Hamilton Island und die Luxusinsel Hayman betroffen und hätte einen Kollaps der Tourismusindustrie zur Folge. Alleine jährlich kommen etwa zwei Millionen Urlauber angezogen von der Attraktivität des Korallenriffs an die Ostküste Australiens und rund 30.000 Jobs hängen direkt an der Touristenbranche.[40]

Von all den verschiedenen Aspekten angetrieben, hat es sich der seit 1975 bestehende Verbund „Great Barrier Reef Marine Park" zum Hauptziel gemacht, das Riff für die nächsten Generationen zu erhalten. Momentane Hauptaufgabe des Parks besteht im Management der großen riffbasierenden Tourismusindustrie, in der Erhöhung des Drucks auf kommerzielles und freizeitliches Fischen und im Schutz des Riffs vor Schifffahrt, Verstädterung, Küstenverbauung und Umweltverschmutzung. Virginia Chadwick, Präsidentin der Parkautorität, fordert „eine strenge und gut durchorganisierte Politik, welche auf Interessen und gleichzeitig auch auf Ablehnen der Bevölkerung stößt. Wir glauben, dass diese strenge Politik notwendig ist, um das Riff zu schützen."[41]

---

[39] Vgl. o.V.: Great Barrier Reef verliert die Hälfte der Korallen, in: http://www.sueddeutsche.de/wissen/korallenriff-vor-australien-great-barrier-reef-verliert-die-haelfte-der-korallen-1.1484631, Zugriff am 30.10.14.

[40] Vgl. Christian Leetz: Klimawandel ist Auslöser für das Korallensterben am Great Barrier Reef, in: http://www.derwesten.de/reise/klimawandel-ist-ausloeser-fuer-das-korallensterben-am-great-barrier-reef-id6739738.html#plx2015988456, Zugriff am 30.10.14.

[41] o.V.: Great Barrier Reef - Das untergehende Königreich der Korallen, in: http://www.sonnenseite.com, Zugriff am 30.10.14.

5   Fazit: Rasches Handeln nötig[42]

Unter dem Strich mögen die Auswirkungen und Folgen der globalen Erwärmung momentan äußerst erschreckend wirken, doch muss stets beachtet werden, dass die aufgestellten Szenarien auf Prognosen beruhen und noch keine endgültigen Tatsachen widerspiegeln. Dennoch sollte der Mensch dringlichst seine Aufmerksamkeit auf ein in Zukunft klimafreundlicheres und umweltbewussteres Handeln legen. So würde nicht nur der derzeitige Wandel des Klimas in seine Schranken gewiesen, sondern eine für das Leben auf der Erde notwendige Stabilisierung des Klimas einhergehen. Diesem Denkansatz zufolge wurde innerhalb der internationalen Klimapolitik das „Zwei-Grad-Ziel" gesetzt.[43] Dies besagt, dass wir durch langfristigen Klimaschutz die Erderwärmung auf zwei Grad Celsius im Vergleich zum Zeitpunkt des „natürlichen Klimas" vor der Industrialisierung mit geeigneten Maßnahmen zu begrenzen versuchen. Auf diese zentrale Botschaft des neuersten „Emissions Gap Report" einigten sich 2010 die 194 Mitgliedstaaten der Klimarahmenkonvention der Vereinten Nationen.

Die internationale Herausforderung besteht nun darin, Ziele wie das „2-Grad Ziel" tatsächlich zu realisieren. Hoffnungsträger bieten die Investitionen in treibhausgasarme Energiebereitstellung, wie „Klimaschutzmaßnahmen in der Industrie, im Baubereich, im Transport, in der Abfallwirtschaft und klimaschonenden Landnutzung." Zwar ist die abzuarbeitende Liste des Klimaschutzes lang und mit großen Strapazen und Aufwänden verbunden, doch werden sich die Mühen am Ende auszahlen. Schließlich soll unsere Erde noch generationenlang als Lebensraum für ihre unermesslichen Artenvielfalt dienen. Ein weiterer strategischer Schritt in die richtige Richtung sollte von der bevorstehenden internationalen Klimakonferenz in Peru im Dezember dieses Jahres ausgehen.

---

[42] Vgl. o.V.: Mehr Klimaschutz nötig, um Erderwärmung auf 2 Grad zu begrenzen, in: http://www.umweltbundesamt.de/themen/mehr-klimaschutz-noetig-um-erderwaermung-auf-2-grad, Zugriff am 31.10.14.

[43] Vgl. o.V.: Klima sucht Schutz. Das 2-Grad-Ziel, in: http://www.klima-sucht-schutz.de/klimaschutz/klimaschutz/das-2-grad-ziel/, Zugriff am 31.10.14.

6 Literaturverzeichnis

<u>Bücherquellen</u>

Arnim von Gleich: Industrial Ecology: Erfolgreiche Wege zu nachhaltigen Industriellen Systemen. Wiesbaden, Springer, 2008.

Franz Essl, Wolfgang Rabitsch: Biodiversität und Klimawandel. Auswirkungen und Handlungsoptionen für den Naturschutz in Mitteleuropa, Berlin/Heidelberg. Springer, 2013.

K. Schwanke, N. Podbregar, H. Frater: Wetter Klima Klimawandel. Wissen für eine Welt im Umbruch, Berlin/Heidelberg. Springer, 2009.

Michael Schirmer, Bastian Schuchardt: Klimawandel und Küste. Die Zukunft der Unterweserregion, Berlin/Heidelberg. Springer, 2005.

Nadja Podbregar: Im Fokus: Meereswelten. Reise in die unbekannten Tiefen der Ozeane, Berlin/Heidelberg. Springer Spektrum, 2014.

S. Rahmstorf, H.J. Schellnhuber: Der Klimawandel. Diagnose, Prognose, Therapie, München, [7]2012.

Winston H. Yu, Mozaharul Alam, Ahmadul Hassan, Abu Saleh Khan, Alex C. Ruane, Cynthia Rosenzweig, David C. Major, James Thurlow: Climate change. Risks and food – Security in Bangladesh, London/Washington DC. World Bank, 2010.

<u>Zeitungen/Informationsblätter</u>

Im Fokus: Abbot Point – Ausbau zum größten Kohlehafen der Welt. Entwicklungspläne Queensland, Australien - Das Great Barrier Reef in Gefahr, in: wwf/ Publikationen, 2014.

La Niña kühlt Pazifik ab. Ursachen/ Hintergründe/ Ausmaß der Veränderungen, in: Geographie aktuell, 3/2011.

Neue Klimaziele der EU, SZ Wochenchronik, 25.10.14.

<u>Dissertation</u>

Matthias Berg: Analyse zum globalen Klimawandel: Bildvergleiche historischer und rezenter Dokumentationen von Gebirgsgletschern in Nordostgrönland. Bonn, Geographisches Institut der Reihnischen Friedrich-Wilhelms-Universität Bonn ,2008.

<u>Internetquellen mit Autor</u>

Ariane Kujau: Der Klimawandel – Eine Annäherung, in: http://reset.org/knowledge/der-klimawandel-eine-ann%c3%a4herung?gclid=CJG29NqdkL4CFSgcwwodLXQA_Q, Zugriff am 25.10.14.

Christian Leetz: Klimawandel ist Auslöser für das Korallensterben am Great Barrier Reef, in: http://www.derwesten.de/reise/klimawandel-ist-ausloeser-fuer-das-korallensterben-am-great-barrier-reef-id6739738.html#plx2015988456, Zugriff am 30.10.14.

Dieter Kasang: Die globale Durchschnittstemperatur der letzten 150 Jahren, in: http://bildungsserver.hamburg.de/klimaaenderung-nav/2041618/durchschnittstemperatur-150-jahre/, Zugriff am 30.10.14.

Johanna Herzing: Polen schaut mit Sorge nach Brüssel, in: http://www.deutschlandfunk.de/eu-klimagipfel-polen-schaut-mit-sorge-nach-bruessel.697.de.html?dram:article_id=301150, Zugriff am 01.11.14.

Jürgen Paeger: Ökosystem der Erde – Zeitalter der Industrie. Die Folgen des Klimawandels, in: http://www.oekosystem-erde.de/html/klimawandel-03.html, Zugriff am 30.10.14.

Jürgen Paeger: Ökosystem der Erde – Zeitalter der Industrie. Der 5. Un-Klimareport, in: http://www.oekosystem-erde.de/html/klimawandel-03.html, Zugriff am 20.10.14.

Robert W. Endlich: Die Geschichte falsifiziert die Behauptung der Alarmisten zum Anstieg des Meeresspiegels, in: http://www.eike-klima-energie.eu/climategate-anzeige/die-geschichte-falsifiziert-die-behauptungen-der-alarmisten-zum-anstieg-des-meeresspiegels/, Zugriff am 20.10.14.

Sonja Butzengeiger: Meeresspiegelanstieg in Bangladesch und den Niederlanden. Ein Phänomen, verschiedene Konsequenzen, in: http://germanwatch.org/download/klak/fb-ms-d.pdf, Zugriff am 29.10.14.

Stefan Ohm: Klimawandel: Der Fall Bangladesch, in: http://www.scilogs.de/geo-log/klimawandel-der-fall-bangladesch/, Zugriff am 28.10.14.

University of California - San Diego, Universität Leipzig: Eiskappe trotz Supertreibhaus?, in: http://www.scinexx.de/wissen-aktuell-7652-2008-01-14.html, Zugriff am 25.10.14.

Internetquellen ohne Autor

Australien: Great Barrier Reef verliert Hälfte seiner Korallen, in: http://www.spiegel.de/wissenschaft/natur/great-barrier-reef-hat-die-haelfte-seiner-korallen-verloren-a-858991.html, Zugriff am 30.10.14.

Bangladesch: In der Todeszone des Klimawandels, in: http://www.spiegel.de/wissenschaft/natur/bangladesch-in-der-todeszone-des-klimawandels-a-477669.html, Zugriff am 30.10.14.

Bangladesch: 20 Millionen Flutopfer brauchen Hilfe, in: http://www.rp-online.de/panorama/ausland/bangladesch-20-millionen-flutopfer-brauchen-hilfe-aid-1.1621590, Zugriff am 30.10.14.

Brüssel: Einigung beim Klima-Gipfel der EU, in: http://www.focus.de/politik/videos/neue-klimaschutzziele-bis-2030-bruessel-einigung-beim-klima-gipfel-der-eu_id_4224147.html, Zugriff am 01.11.14.

Das globale Förderband und die globale Erwärmung, in: http://www.seos-project.eu/modules/oceancurrents/oceancurrents-c03-p05.de.html, Zugriff am 30.10.14.

Den Klimawandel bekämpfen. Auswirkungen und Anpassung, in: http://klimawandel-bekaempfen.dgvn.de/auswirkungen-anpassung/, Zugriff am 30.10.14.

Der runaway Treibhauseffekt, in: https://lp.uni-goettingen.de/get/text/7319, Zugriff am 06.10.14.

Energie- und Klimagipfel der EU in Brüssel: Frau Merkel, bleiben sie verbindlich: in; http://www.duh.de/pressemitteilung.html?&tx_ttnews%5Btt_news%5D=3403, Zugriff am 01.11.14.

Great Barrier Reef - Das untergehende Königreich der Korallen, in: http://www.sonnen-seite.com, Zugriff am 30.10.14.

Grat Barrier Reef droht komplett zu sterben. Um die Hälfte geschrumpft, in: http://www.n-tv.de/wissen/Great-Barrier-Reef-droht-komplett-zu-sterben-article12404001.html, Zugriff am 30.10.14.

Great Barrier Reef in großer Gefahr, in: http://www.sueddeutsche.de/wissen/australien-great-barrier-reef-in-grosser-gefahr-1.212911, Zugriff am 30.10.14.

Great Barrier Reef verliert die Hälfte der Korallen, in: http://www.sueddeutsche.de/wis-sen/korallenriff-vor-australien-great-barrier-reef-verliert-die-haelfte-der-korallen-1.1484631, Zugriff am 30.10.14.

Informationen zum Termin, in: http://www.bmub.bund.de/service/veranstaltungen/de-tails/event/un-klimakonferenz-cop20-cmp10/, Zugriff am 01.11.14.

Jon Day: Grat Barrier Reef in Gefahr, in: http://www.dw.de/jon-day-great-barrier-reef-in-ge-fahr/a-17878268, Zugriff am 30.10.14.

(Kein) Schnee am Kilimandscharo. Die Gletscher schrumpfen, in: http://www.scinexx.de/dos-sier-detail-296-8.html, Zugriff am 30.10.14.

Klima sucht Schutz. Das 2-Grad-Ziel, in: http://www.klima-sucht-schutz.de/klimaschutz/kli-maschutz/das-2-grad-ziel/, Zugriff am 31.10.14.

Klimaziele – was können wir tun?, in: http://www.industrie.de/industrie/live/in-dex2.php?menu=1&submenu=3&object_id=31767977, Zugriff am 31.10.14.

Kreidezeit, in: http://www.abendschule.de/lernhilfe/die-kreidezeit/, Zugriff am 25.10.14.

Mehr Klimaschutz nötig, um Erderwärmung auf 2 Grad zu begrenzen, in: http://www.um-weltbundesamt.de/themen/mehr-klimaschutz-noetig-um-erderwaermung-auf-2-grad, Zu-griff am 31.10.14.

Tiere geordnet nach Regionen. Ausgewählte Region: Great Barrier Riff, in: http://www.meer-wasser-lexikon.de/land_26_GreatBarrierRiff.html, Zugriff am 30.10.14.

Todesstoß für Barrier-Riff, in: http://www.taz.de/!134371/, Zugriff am 30.10.14.

Treibhauseffekt, in: http://www.planeten.ch/Treibhauseffekt, Zugriff am 06.10.14.

Treibhausgas: CO_2 erstmals dauerhaft über Rekordschwelle, in: http://www.spiegel.de/wis-senschaft/natur/co2-konzentration-laut-wmo-erstmals-dauerhaft-ueber-400-ppm-a-971838.html, Zugriff am 25.10.14.

Was kostet die Welt?. Die wirtschaftlichen Folgen des Klimawandels, in: http://www.tages-schau.de/wirtschaft/klimawandel116.html, Zugriff am 22.10.14.

<u>Abbildungen</u>

Abbildung 1 Konzentration der Treibhausgase CO2 (Keeling-Kurve), CH4 und N2O von 0 bis 2005, aus: http://vademecum.brandenberger.eu/themen/skandal-1/co2.php, Zugriff am 06.10.14.

Abbildung 2 Temperaturveränderung in den letzten 150 Jahre, aus: http://bildungsserver.hamburg.de/klimaaenderung-nav/2041618/durchschnittstemperatur-150-jahre/, Zugriff am 25.10.14.

Abbildung 3 Änderung des Meeresspiegels von 1992 bis 2012, aus: http://www.tabularasa-jena.de/artikel/artikel_4552/, Zugriff am 30.10.14.

Abbildung 4 Schäden verursacht durch große Überschwemmungen von 1988 bis 2007, aus: Cynthia Rosenzweig, David C. Major, James Thurlow: Climate change. Risks and food – Security in Bangladesh, London/Washington DC. World Bank, 2010.